梭编蕾丝
迷你花样 78 款

日本北尾蕾丝协会　日本E&G创意 / 编著

半山上的主妇 / 译

中国纺织出版社有限公司

目录 Contents

玩转配色 2

p.16　　　　　　p.17

三叶草

p.18　　　　　　p.19

镂空花样　　**克鲁尼叶片**

p.20　　　　　　p.21

花朵

p.22　　　　　　p.23

乐器　　**海洋生物**

p.24　　　　　　p.25

1

2

Picot

耳是用1根线做出的环。
通过改变线环的大小或排列，
可以让优美的蕾丝更显细腻。

玩转"耳"

制作过程　*p.38~39*

3

4

5

6

7

这是通过拧转留长的耳，做成网状，
从而表现出动感的一种技巧。
请一边仔细观察线环上下重叠的情况，一边进行制作。

玩 转 " 大 耳 "

制作过程 *p.40~41*

8

9

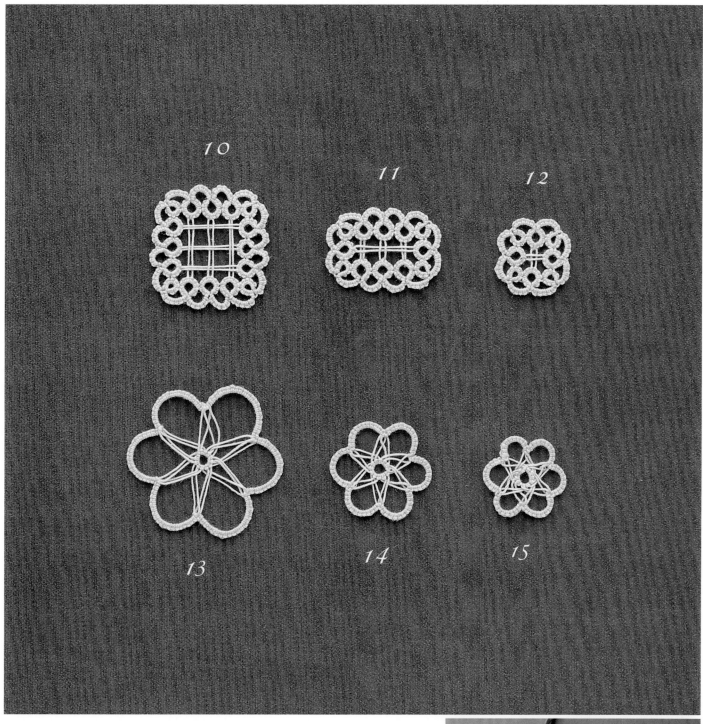

在罩衫的领子上点缀一下，增添了优雅的风格。
即使是小巧的花片，也有很高的存在感。

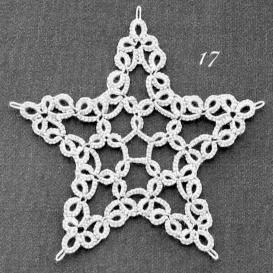

Star

五角形和六角形的人气星形花片。
将顶角上的耳笔直地定型，突出星星的形状。
在顶端系上绳子或链子，做成壁挂，也很美观。

星 星

制作过程　*p.42*

19

Ice
crystal

仿佛真正的雪花般纤细美丽的花片。

19是基本的花片，20和21是组合搭配的花片。

仅凭外围1圈的差异，就呈现出完全不同的印象。

雪花

制作过程　*p.43*

20

21

22

23

Josephine knot

通过连续编织前半针做成的约瑟芬结。
细看之下会发现花瓣是重叠的，
如此可爱的造型，给作品增添意趣。

玩转"结"

制作过程 *p.44~45*

24

25

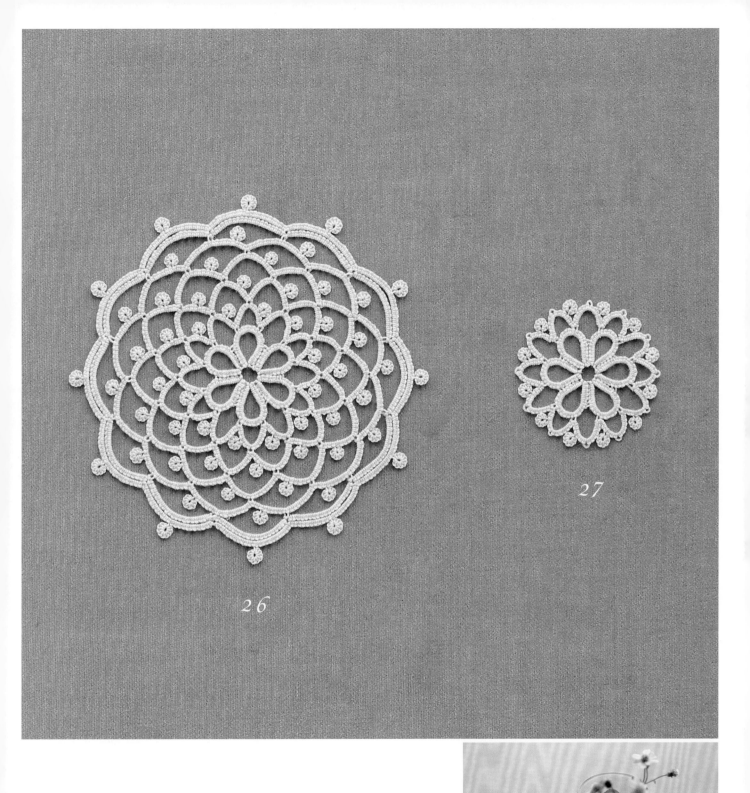

26

27

将圆形花片用作花瓶下的桌垫。
烘托室内的气氛，让心情也变得开朗起来了。

28

Bridge

除了将桥排列成正方形以外，
还可以沿着环的外围，或让桥之间互相交叉，
这是一种让人享受复杂设计的技巧。

重 叠 桥

制作过程　*p.46~48*

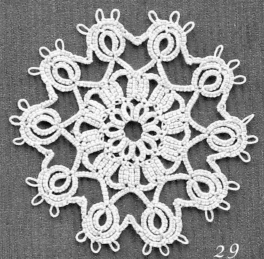

29

30

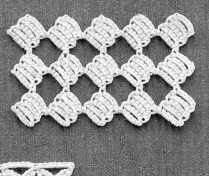

31

32

33

34

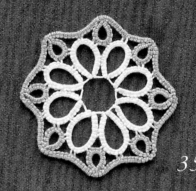

35

Color combination

除了使用单色以外，组合搭配不同的颜色进行编织也很好看。
如今有很多色彩美丽的蕾丝线可供选择，
请找出自己喜爱的配色吧！

玩转配色1

制作过程 *p.50~51*

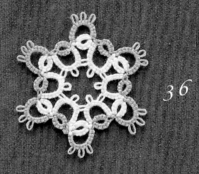

36

37

38

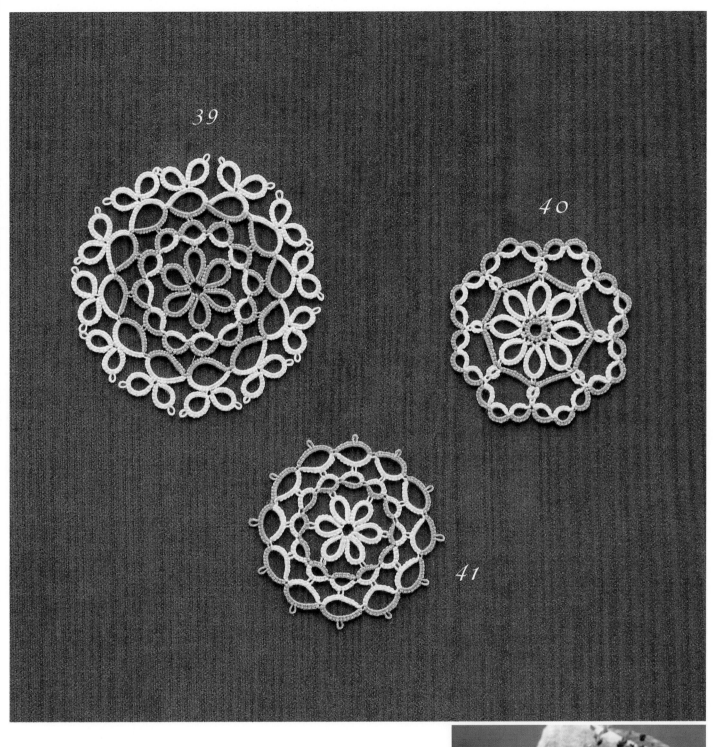

将梭编花片缝在束口袋、小包和手袋等成品上，进行时尚的改造。
有了美丽的蕾丝，使用的时候更开心。

42

Color combination

此处的设计使用了通过将线交叉的立体编织方法，
使得配色效果更显著。
收尾时请整理形状使其美观。

玩转配色2

制作过程 *p.52~53*

43

44

45

46

47

Clover

可爱的三叶草花片，
非常适合纤细的蕾丝线。
使用约瑟芬结和耳，
让细节也变得多彩。

三叶草

制作过程 *p.54~55*

48

49

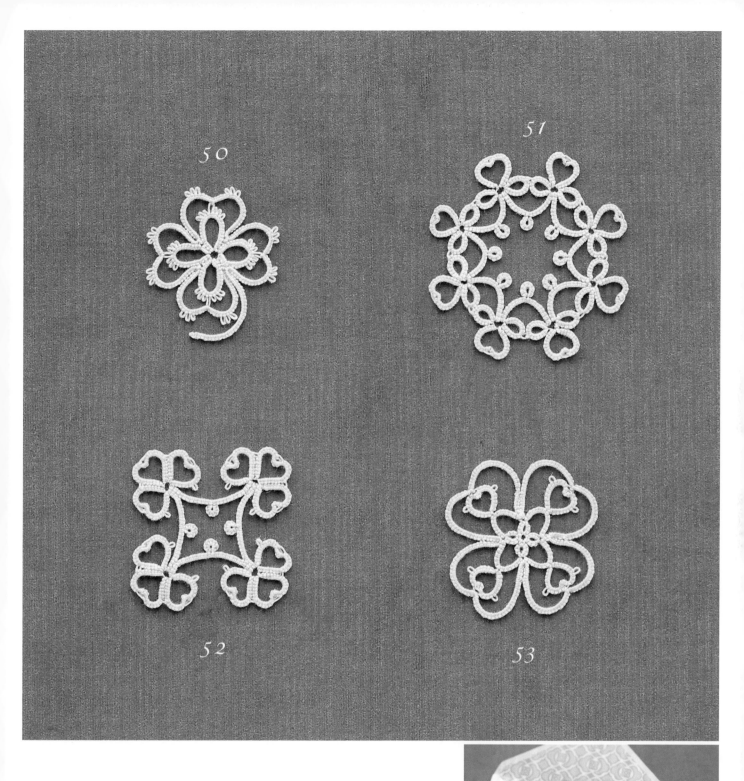

据说能带来好运的四叶草。
悄悄地藏在给重要的人的信里吧!

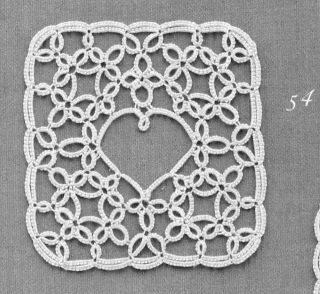

54

55

用轻盈通透的花样描画出的扑克牌符号。
环与桥的曲线让此处的设计更具动感。

镂空花样

制作过程　*p.56~57*

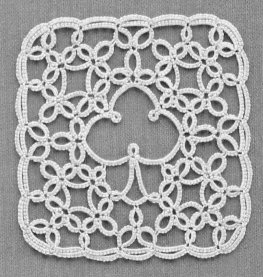

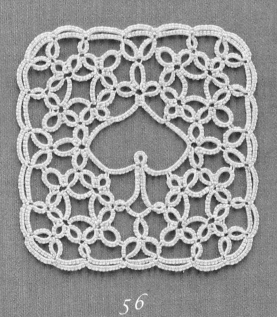

56

57

58

Cluny leaf

像进行编织般地制作叶片形态的克鲁尼叶片。
可爱的轮廓让作品独具特色。

克鲁尼叶片

制作过程 *p.49*

59

Flower

带有复古氛围的花片。
用彩色花片表现真实的花朵，
或是用单色花片组成图案，
尽情享受多种多样的表现形式吧！

花朵

制作过程 *p.58~59*

60

61

62

63

64

65

66

装上金属配件，做成饰品。
搭配适合蕾丝的轻巧棉珍珠，非常时尚。

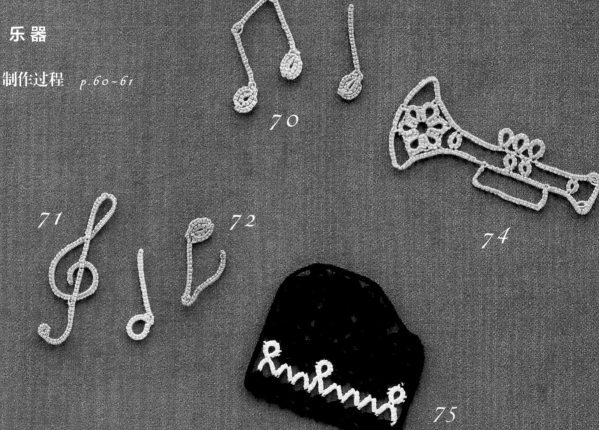

67

68

69

73

Jazz

仿佛能听见轻快的音乐似的，
形状独特的乐器花片。

乐器

制作过程 *p.60~61*

70

74

71

72

75

Sea
world

海龟、海豚和企鹅，
内部设计出花朵般的花样，
让成品更具魅力。

海洋生物

制作过程 *p.62~63*

76

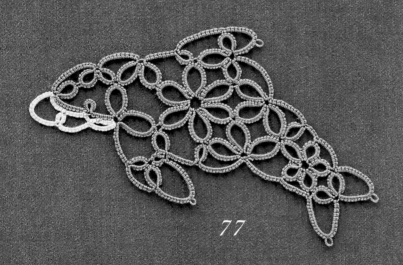

77

78

开始制作前

工具

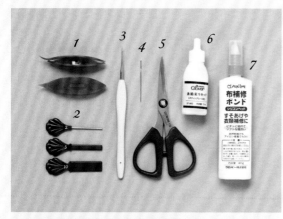

※ 全部为日本可乐（CLOVER）公司的商品。

1 线梭（梭编器）

小巧的船形卷线器。线梭顶端带有尖角的类型比较便于使用。

2 耳尺（耳卡）

在制作耳时，用于统一耳的长度。

3 蕾丝钩针

用于从细小的部分引出线。

4 缝针

用于藏线。

5 剪刀

用于在织片的边缘剪断线头。刀尖尖细锋利的剪刀，比较便于使用。

6 锁边液

适用于处理线头和防止绽线的液体。可以加固线结，防止松开。

7 布用胶（布用黏合剂，补丁胶）

用于处理线头和防止绽线。梭编蕾丝是精细的手工，微量出胶的类型比较便于使用。

※ 喷雾胶（定型用）
※ 熨斗 ※ 熨台

蕾丝线

※ 图片为实物大小。

DMC CÉBÉLIA30号

适用于4~6号蕾丝钩针，100%棉质，50g/团，长度约540m，39种颜色

※ 从左向右依次为线材的适用针号、成份、重量、线长、颜色数量。

梭编图解的阅读方法

编织方法页的梭编图解，是按织片正面所见的效果绘制的。
梭编部分从编织开始至编织结束，按照指定的针数编织。梭编的基本方向为向右编织。图示向右编织时，织片正面向上，向左编织时，织片反面向上。

※ 关于线梭（梭编器）和线团

 =用1个线梭编织

 =用1个线梭和线团编织

=用连接线团的1个线梭编织

 =用2个线梭编织
（编织开始处使用回形针）

=用1个线梭编织
（编织开始处使用回形针）

 =用2个线梭编织

 =用绕着同一根线的2个线梭编织
（按照和"用1个线梭和线团编织"同样的要领，将线团换为线梭进行编织）

※使用多种颜色时，多准备几个线梭比较方便。
可以在已经绕好的线上绕新色线。

━ · ⬤ =用线梭B编织

※ 关于梭编图解

🔘 =编织开始

⬤ =编织结束

↶ =编织方向

----- =不留空隙地编织

━━ =接耳A

━━━ =接耳C

══ ══ =重叠接耳（接耳B）

10 =元宝针的针数

❶❶ =编织顺序、行数（圈数）

⑩ =全部编前半针的针数

⑩ =全部编后半针的针数

◯ =耳（除指定大小以外，均留出约3个元宝针的间隔进行制作）

◯ =假耳

※ 注："前半针""后半针"在日文表达中也被称为"下针"和"上针"。

梭编蕾丝的基础教程

❈ 线梭绕线的方法

1 左手拿着线梭,让线梭的尖角朝向左上方,将线穿过线梭的中心孔。

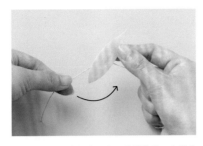

2 换用右手拿线梭,左手拿着线头,向箭头方向绕。

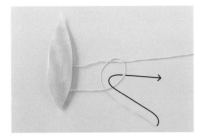

3 将线头搭在线团一侧的线上,如箭头所示,将线头穿过线圈。

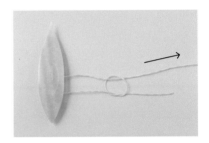

4 拉紧线团一侧的线,收紧线环。

5 保留约 1cm 长的线头后剪断(左图),轻拉线团一侧的线,让打好的结靠近线梭的中心孔(右图)。

6 靠近中心孔的状态(左图)。线梭的尖角朝向左上方,在线梭上绕线(右图)。

7 绕线厚度不要超出线梭之外。

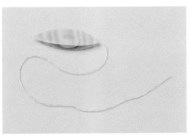

8 在线梭上绕好线,保留约 30cm 长的线头后剪断。

❈ 线梭的拿法

线梭的尖角向上,线头留在外侧,用右手大拇指和食指捏住线梭。

❈ 线的拿法

编织环时(1个线梭)

1 左手的大拇指和食指捏住线头。

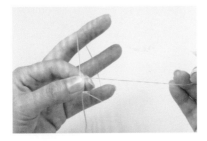

2 将线搭在中指、无名指和小拇指上,绕回和 *1* 同样的位置,重叠并捏住,做成 1 个圈。

3 左手和右手之间留出约 15cm 长的线,进行编织。

✲ 元宝针的编织方法（由前半针和后半针组成1针元宝针）

按前半针、后半针的顺序编好的"元宝针"的1针，构成梭编蕾丝花样的基础。

前半针的编织方法

1 将线梭上的线挂在右手上，线梭从挂在左手上的线的下方穿出。

2 穿出后的状态。接着按箭头所示方向，将线梭从左手挂线的上方穿回。

3 穿回时的状态。

 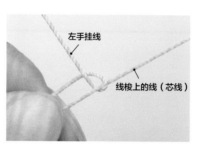 

4 穿回后的状态。此时为线梭上的线绕在左手挂线上的状态。

5 放松左手中指，右手轻拉线梭。此时变为左手挂线绕在线梭上的线（芯线）上的状态。

6 左手中指绷直拉线，将针脚拉近食指。完成前半针。

后半针的编织方法

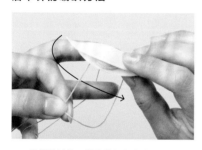 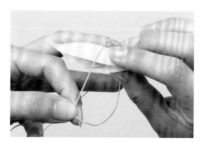 

7 将线梭从左手挂线的上方穿过，再按箭头所示方向，从左手挂线的下方穿回。

8 线梭穿回时的状态。

9 线梭穿回后。此时为线梭上的线（芯线）绕在左手挂线上的状态。

✲ 如何数针数　　　✲ 错误情况

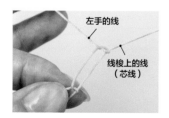  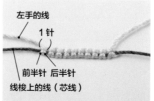 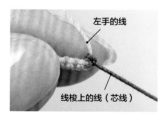

10 放松左手中指，右手轻拉线梭。此时变为左手挂线绕在线梭上的线（芯线）上的状态。

11 编好前半针和后半针，完成1针元宝针。

1针前半针和1针后半针组成1针元宝针。图为10针元宝针。以线梭上的线作为芯线，用左手上的线进行编织。

用线梭上的线编织元宝针的状态。请一直用线梭上的线作为芯线进行编织。

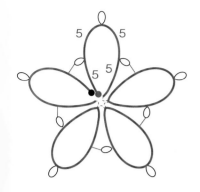

✤ 环的编织方法

✤ 耳的编织方法

1 在左手上挂线（参考 p.27）。

2 编5针元宝针。

3 留出耳的长度的2倍距离后，编1针元宝针（上图）。将编好的这1针拉近（下图）。完成耳。

✤ 继续编织环

4 参考上方的编织图，编元宝针和耳。○为相邻连接用的耳，●为装饰用的耳，根据设计调整耳的长度。

5 从手上取下织片，拉紧线梭上的线，收紧线圈。

6 整理形状，完成环。

7 左手大拇指和食指捏住环，在左手上挂线，做一个圈。

✤ 接耳（织片的顶端面对面连接）

8 编第2个环的5针元宝针，紧贴第1个环，不要留下空隙，按照箭头所示方向，从耳中挑出左手的线。

9 用线梭的尖角（上图），或者连接很小的耳时用蕾丝钩针（下图）拉出线。

10 将线梭穿过拉出的线圈。

11 拉紧线。完成接耳（上图）。接着参考编织图继续编织并收紧环。完成2个环（下图）。

✤ 多个环组成圆形时的接耳（最后接耳的连接方法）

12 编织并连接4个环以后，继续编织至第5个环与第1个环的接耳之前。按箭头所示方向折起第1个环。

13 第1个环折起后的状态。按箭头所示方向在耳中入针（左图）；针尖挂线（右图）。

14 拉出线。

15 将线梭穿过拉出的线圈，收紧线圈。

16 接耳收紧后的状态。继续编 5 针元宝针。

17 编好后展开之前折起的织片（左图）。收紧线圈，完成第 5 个环（右图）。

※ 处理线头（2根线头的情况）

18 在花片的反面，将线头打一个结（上图），涂上布用胶（下图）。在布用胶凝固前再打 1 个结。

19 布用胶凝固后，沿着线结边缘剪断线头。

※ 持线方法
编织桥时

1 使用线团上的线，用左手大拇指和食指捏住线头，将线挂在中指和无名指上，并在小拇指上绕 1 圈稍加固定。

※ 编织桥（1个线梭和线团）

线团上的线

2 将线梭上的线和左手上挂的线重叠并捏住。左手和右手之间留出约 15cm 长的线进行编织。

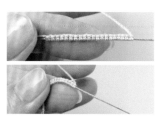

3 编 20 针元宝针（上图），轻拉芯线，使桥弯曲（下图）。

※ 芯线接耳（接耳C）（向着织片相同方向的接耳，芯线不会移动）

4 将耳置于桥的芯线上，从耳中拉出线。

5 拉出线后的状态。将线梭穿过线圈后收紧线圈。

6 完成接耳。

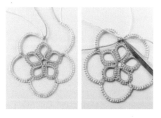

※ 处理线头（4根线头的情况）

7 按照左上的编织图，编完 1 圈，在编织结束处分别将 2 根线梭上的芯线和 2 根线团上的线打结（参考上方"处理线头＜2根线头的情况＞"）。

※ 定型

1 将作品反面向上放在熨台上，整理形状并用珠针固定，喷上喷雾胶。为了方便用熨斗熨烫，请将珠针斜着插入。

2 用蒸汽熨斗轻压熨烫，待作品干燥后取下珠针。

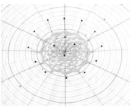

蕾丝定型垫

印有同心圆和斜向分割线的不织布垫片，适用于熨烫定型或检查图案。每包含有五等分、六等分和八等分三张。

遇到以下情况时

✳ 解开环的方法

 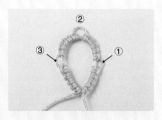 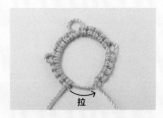 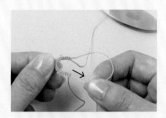

1 如果环上有耳，捏住靠近编织结束处的耳的两端的针脚，向右边拉，从而扩大芯线的线圈。图为线圈扩大后的状态。

2 按照①②③的顺序拉大线圈，使芯线的线圈稍微扩大。

3 收紧之前拉松的耳，露出芯线以后，再拉伸芯线，扩大环。

4 拉伸芯线，解开环。

✳ 解开元宝针针脚的方法

1 从编织结束处的后半针开始解。按箭头方向，将线梭的尖角插入针脚里。

2 插入尖角并稍微挑开针脚的状态。

3 进一步扩大线圈，将线梭从线圈中穿过。

4 解开后半针。再按箭头方向，插入线梭的尖角。

  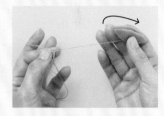

✳ 左手的环太小

✳ 线梭一侧的线太短

5 拉大线圈。抽出线梭，再从另一侧穿过线圈。

6 解开前半针，从而完全解开一针元宝针的状态。

左手大拇指和食指捏住织片，向自己的方向拉芯线，扩大环。

按箭头方向转动线梭，放出卷在线梭上的线。

✳ 编织线不足时

编织环（线梭上的线不足时）

编织桥（线团上的线不足时）

1 用现有的线尽量编完一个环，换用新线（蓝色）编下一个环。

2 在反面处理线头（参考 p.30）。

3 翻回正面。整理形状，让环的分隔处不要太显眼。

在桥的编织开始处换用新线进行编织。在反面处理线头（参考 p.30）。

※ 重叠接耳（接耳B）（织片方向相同，芯线不移动）

1 在连接处的针脚里入针，按箭头方向在针尖挂线。

2 拉出针尖上挂的线。

3 将线梭从拉出的线圈中穿过。

4 拉紧编织线和芯线。

※ 从环向桥连续编织

1 将编织桥的线挂在左手上并捏住线头，将环翻至反面，叠放在编织线上后捏住。

2 编元宝针。

※ 从桥向环编织

3 线梭上的线挂在左手上，将桥翻至反面，叠放在编织线上后捏住。

4 编织环。

※ 使用回形针开始编织桥的方法

1 将编织线穿过回形针。

2 左手拿着回形针，将线挂在手指上（上图），编织桥（下图）。

※ 渡线　▲=渡线的长度

1 编好环之后将环翻至反面，留出渡线的长度后编织下一个环。

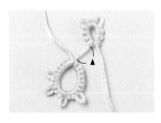

2 下一个环编好后的状态。

※ 大耳

1 在耳的位置用左手拿耳尺间隔出一定长度，将线梭穿过编织线，编元宝针。

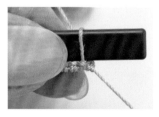

2 编1针元宝针，完成大耳。

※ 扭转大耳

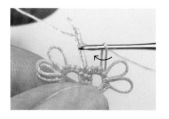

1 在大耳中入针，按箭头方向扭转指定的圈数。

2 扭转后的状态。右下图为接耳固定后的状态。

✳ 假耳的制作方法

1 留出耳的长度，将编织开始处的线头和编织线打 2 个结。

2 假耳完成。

✳ 假大耳

使用耳尺，将芯线和编织线打 2 个结（上图）。假大耳完成后（下图）。

✳ 使用2个线梭的编织方法

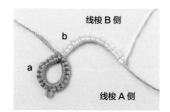

1 使用线梭A（粉色线）编织环a，编好后翻至反面，用线梭B的线（米色线）编织桥b。

2 使用线梭B编织环c。

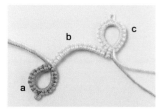

3 环编好后的状态。环c位于桥b的元宝针的顶端。

4 线梭 A 的线挂在左手，将环翻至反面并捏住，使用线梭B（芯线）编织桥 d。

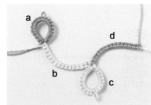

5 桥 d 编好后的状态。

6 使用线梭A编织环e。

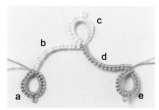

7 环编好后的状态。环e位于桥d的元宝针的顶端。

8 线梭B的线挂在左手，将环翻至反面并捏住，将线梭A（芯线）编织桥f。

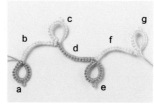

9 桥编好后，接着使用线梭B（米色线）编织环g。

✳ 将桥的编织结束处与耳作连接

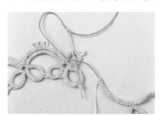

1 将芯线穿在针上，从正面穿过耳。

2 将织片翻至反面，将桥侧的芯线和编织线打2次结并处理线头。

✳ 将桥的编织结束处连接在针脚上

1 将芯线穿在针上，从正面穿过连接处的针脚。

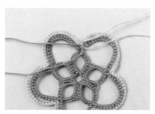

2 织片翻至反面，分别将2根芯线和2根编织线打结，处理线头。

33

❋ 约瑟芬结（10针前半针） ⊗ ⑩

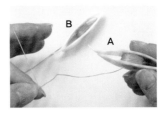 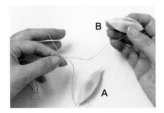  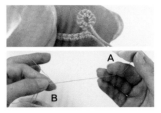

1 使用2个线梭编织桥，用线梭A（芯线）编至约瑟芬结前的位置。

2 放下线梭A，按照编织环的方法，将线梭B的线挂在左手上。

3 使用线梭B编10针前半针。

4 用左手手指捏牢这10针前半针，慢慢拉紧线梭B上的线（上图）。完成10针前半针的约瑟芬结。再使用线梭A编织桥（下图）。

❋ 有耳的约瑟芬结（11针前半针，10个5mm的耳） ⊗ ⑪ 使用5mm的耳尺

 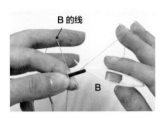  

1 参考上文约瑟芬结的步骤1、2，编至有耳的约瑟芬结前的位置，换用线梭B编1针前半针。

2 将耳尺放在编织线下方并捏住。

3 编1针下针。图为完成"1针下针、1个耳、1针下针"的状态。

4 将编织线从内向外挂在耳尺上，编1针前半针。

❋ 重叠桥
叠成长方形

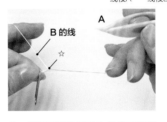

5 做10个耳，轻拉芯线，稍微收紧后取下耳尺。

6 拉紧芯线。

7 换用线梭A编织桥。

1 使用回形针和2个线梭开始编织，用线梭A（芯线）编至☆记号为止。

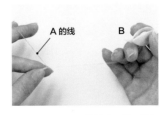  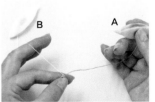

2 取下回形针，拉芯线，整理编织开始的一端的形状。将织片翻至反面并捏住，换用线梭B（芯线）。

3 编至★记号前，在上一行的耳上制作接耳C。

4 将织片翻至反面并捏住，换用线梭A（芯线）（上图），编至▼记号后制作接耳C（下图）。

5 交替使用线梭A和线梭B进行编织，图为叠成长方形的桥。

✲ 重叠桥

重叠在环的周围

第3圈（使用线梭B编桥）
第2圈（使用线梭A编桥）
第1圈（使用线梭A编环）

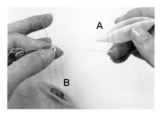

1 使用线梭A编织中心的环a，将织片翻至反面并捏住，再将线梭B的线挂在左手上。

2 使用线梭A（芯线）编9针元宝针做桥，从环的耳中拉出芯线，将线梭穿过拉出的线圈，制作接耳C。

3 再编9针元宝针。

4 从编织开始处的▼记号处（图3）拉出芯线，将线梭穿过拉出的线圈，制作接耳C。

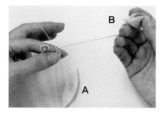

5 将织片翻至反面并捏住，再将线梭A的线挂在左手上。

6 使用线梭B（芯线）编13针元宝针。在环b的接耳上，从渡线（左图▼记号）中拉出芯线（右图），将线梭穿过拉出的线圈，制作接耳C。

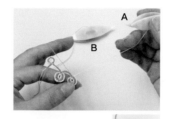

7 继续编织13针元宝针，然后在环b的底部（下图▼记号）制作接耳C。将织片翻至反面并捏住，再将线梭B的线挂在左手上，使用线梭A（芯线）编织桥（上图）。

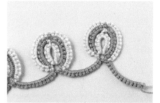

8 两圈桥重叠在环的外围。

✲ 分裂环

线梭A/芯线
12
12
线梭B

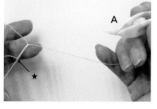

1 使用线梭A（芯线）开始编织环，编12针元宝针。

顶部

2 取下环的线圈，转向后挂回左手，使编织开始处向上、元宝针顶部向外。

顶部

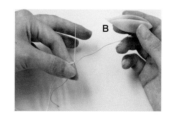

3 叠放上线梭B的线头并捏住。

4 按照制作后半针的要领编结，拉近内侧。请注意这里与普通的后半针不同，这是以左手的线为芯线，用线梭B的线编出的。

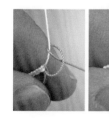

5 按照制作前半针的要领编结，拉近至内侧。

6 步骤4、5的后半针和前半针算作1针元宝针，共编12针。

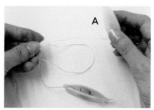

7 取下线圈（上图），拉紧线梭A的线（下图）。

8 分裂环编好后（上图）。重复以上操作，进行编织（下图）。

✳ 克鲁尼叶片

1 用大拇指和食指捏住线梭上的线，将线团一侧的挂在中指和无名指上，与线梭的线一起捏住（左图）。接着将线团上的线挂在小拇指上，叠在大拇指和食指之间并捏住（右图）。

2 线团上的线穿过中指和无名指之间后用扁夹固定。除了小拇指上的线以外的这3根线是经线。

3 线梭（梭尾向前）从手指挂线1、3的下面穿过。

4 再从2号线的下面穿回。

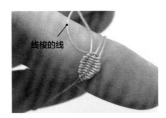

5 重复步骤*3*、*4*通过控制线梭拉动的松紧，一边调整叶片的形状一边编织。在编织结束处，将线梭穿过1、3号线，从左侧穿出放好。

6 从手指上取下扁夹一侧的线，放在左侧。先拉小拇指上的线（上图▼记号），再按无名指、中指的顺序取下线，拉紧叶片的轮廓线（下图）。

7 接着慢慢地拉扁夹一侧的线，调整形状。完成克鲁尼叶片。将线头交叉后继续进行编织。

✳ 桥和桥的交叉

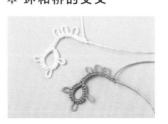

1 用接耳C的方法将米色的线接在上一圈的1的耳上，编织桥，然后用接耳C的方法接在3的耳上，将线梭和线头暂时搁置。

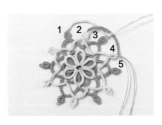

2 将粉色的线接在2的耳上，编织桥，让桥从3的线头和线梭后面穿过，用接耳C的方法接在4的耳上，将线梭和线头搁置。

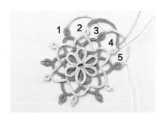

3 使用3的米色线继续编织桥，让桥从4的线头和线梭后面穿过，接在5的耳上，将线梭和线头搁置。

4 使用4的粉色线继续编织桥，让桥从5的线头和线梭后面穿过，接在6的耳上，将线梭和线头搁置。重复步骤*3*、*4*进行编织，编织结束处制作接耳C。

✳ 环和桥的交叉

1 分别使用米色线和浅褐色线编织环与桥。

2 将米色环编至接耳前的位置，叠放上浅褐色环（左图），穿过浅褐色环制作接耳（右图）。

3 继续编米色环余下的部分和桥。

4 用浅褐色线编环，编至接耳前的位置，从下往上和米色桥交叉（上图）。穿过米色环制作接耳，继续编环（下图）。

5 一边注意桥与桥之间重叠的上下位置，一边按照同样的方法进行编织。

作品的重点教程

9　图片 … p.6　制作过程 … p.40

❊ 双耳的制作方法

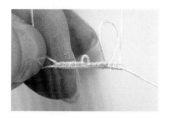  

1　第2圈的第1个环编至"5针元宝针、1个耳、4针元宝针、1个10mm大耳、3针元宝针'。

2　将蕾丝钩针穿过第1圈花片的2个双耳的线圈。

3　针尖挂住第2圈的大耳并引拔钩出。

4　从大耳中拉出环的编织线，制作接耳。

73　图片 … p.24　制作过程 … p.60~61

❊ 小提琴（领子）的编法
用3根线编织

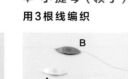 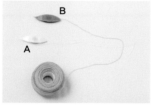  

5　继续编完这个环余下的部分，拉紧芯线。

1　准备芯线（线梭A）和编织线（线梭B）。

2　按照编桥的挂线方法，将线团上的线挂在左手上，叠放线梭A的线并捏住。

3　使用线梭A（芯线）编1针元宝针。在芯线起始处打结固定，避免移动。

编环

 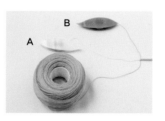  

4　将织片翻至反面并捏住，线梭B的线挂在左手上（上图），使用线梭A编1针元宝针（下图）。

5　将织片翻转并捏住，线团上的线挂在左手上（上图），使用线梭A编1针元宝针（下图）。

6　重复步骤4、5，进行编织。

7　按照编环的挂线方法，将线梭B的线挂在左手上，编3针元宝针、1个耳、3针元宝针（左图），拉紧芯线做成环（右图）。此后，将线梭B的线挂在左手上，使用线梭A（芯线）编1针元宝针。

编弧形

重叠接耳（接耳B）

 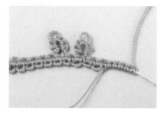  

8　将织片翻至反面，线团上的线挂在左手上，用3根线继续编织。

9　按照编桥的挂线方法，将线梭B的线挂在左手上，使用线梭A（芯线）编5针元宝针。

10　将织片翻至反面，线团上的线挂在左手上，在对侧不留空隙地编元宝针。

11　参考步骤7编环，按照梭编图解，一边在接耳位置用2根线作连接，一边用3根线进行编织。

制作过程

※ 因书中单个作品使用线量均很小，故所需蕾丝线的克数已省略。制作最大型的作品，总量2.5g即可。

※ 作品的大小会根据制作者的手松紧程度而有所不同。

1, 2, 3, 4, 5, 6　玩转"耳"　图片…p.4~5

蕾丝线：DMC Cébélia 30号

1~6 浅米色（ECRU）

制作方法

1

❶从环开始编，环与桥交替进行编织。❷从环开始编，一边与上一圈的耳连接，一边交替编环与桥，编完1圈。

2

❶从环开始编，环与桥交替进行编织。❷从环开始编，环与环之间不要留空隙，一边将桥与上一圈的耳连接，一边编完这一圈。

3

❶从环开始编，环与桥交替进行编织。❷从环开始编，一边与上一圈的耳连接，一边交替编环与桥，编完1圈。❸用接耳C在上一圈的耳上接新线，编1圈桥。

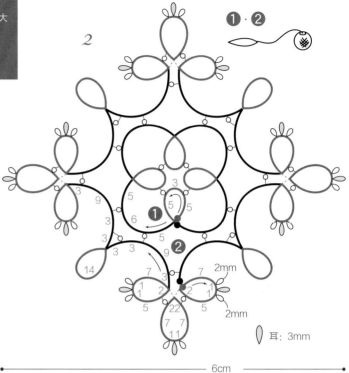

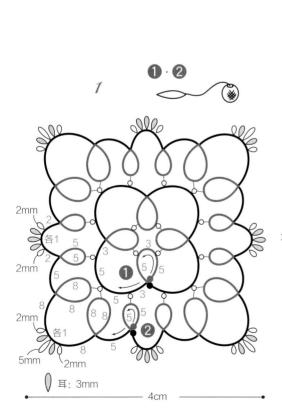

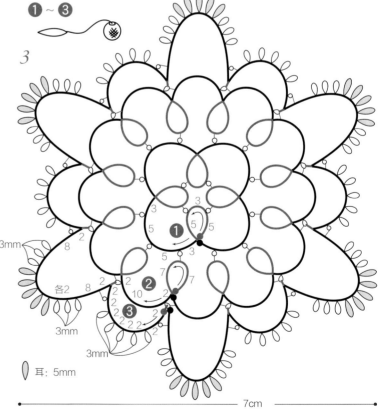

制作方法

4

❶从环开始编，环与环之间不要留空隙。❷~❹用接耳C在上一圈的耳上接新线，编1圈桥。编❸的时候，请注意与❷的重叠方式。

5

❶从环开始编，环与环之间不要留空隙。❷从环开始编，环与桥交替进行编织。

6

❶从环开始编，环与环之间不要留空隙。❷~❼从环开始编，分别和❶的耳连接，做出中心花片。❽、❾用接耳C在中心花片的耳上接新线，编1圈桥。

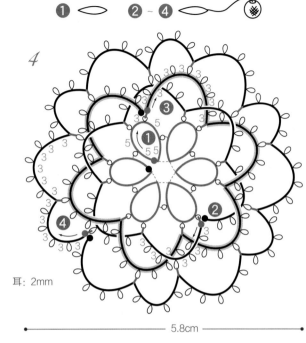

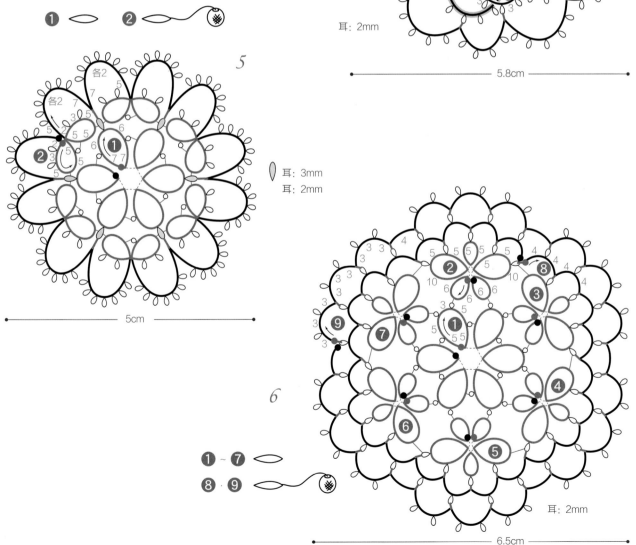

蕾丝线： DMC Cébélia 30号

7~15 浅米色（ECRU）

制作方法

7

❶从环开始编，制作24个13mm的大耳，编完此圈。❷将上一圈相邻的4个大耳集中起来，用接耳C接上新线（右上4并1），一边制作接耳，一边编织桥，做出3个圈。按同样的方法编1圈桥。

8

❶按照和7❶同样的方法编织，翻至反面使用。❷从环开始编，如图所示，将上一圈的大耳两两交叉后作接耳。交替编织环与桥，完成此圈。

9（参考p.37"作品的重点教程"）

❶从环开始编，交替编织环与桥，并在每个桥上制作3个双耳，编1圈。❷从环开始编，如图所示，穿过上一圈的双耳后制作双耳，交替编织环与桥，完成此圈。

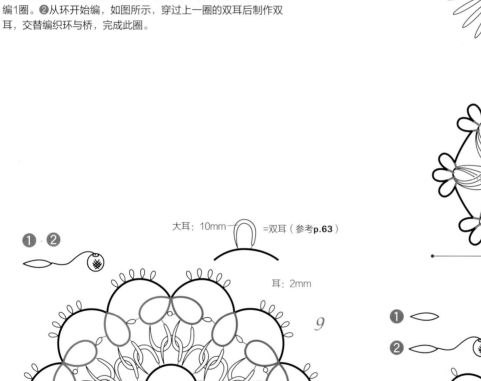

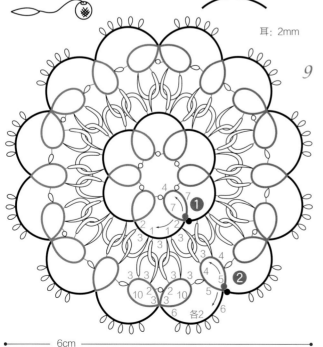

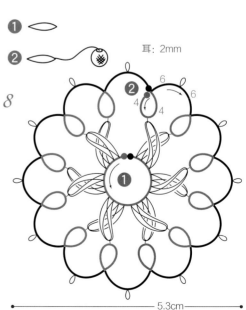

制作方法

10,11,12

从环开始编，交替编织环与桥，编1圈。此时，一边在环的顶部制作大耳，一边编织❶、❷，注意耳的重叠方式，一边连接，一边完成编织❸、❹。

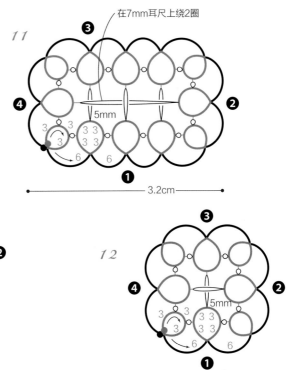

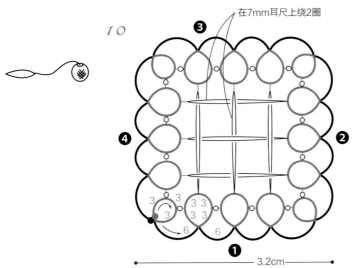

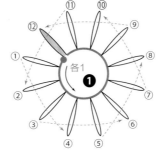

制作方法

13,14,15

❶从环开始编，制作12个大耳，编1圈。第12个是假耳。将织片翻至反面，继续编❷的桥。此时如图所示，相邻2个大耳为一组，制作接耳C连接。最后将⑨叠在⑫上（作品**15**为将⑦叠在⑫上），制作接耳C连接。

大耳
13 = 13mm
14 = 7mm   = 假耳（参考**p.33**）
15 = 7mm

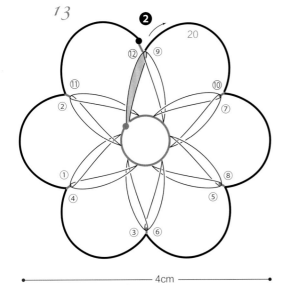

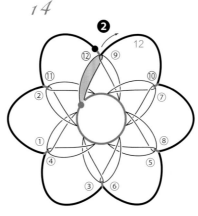

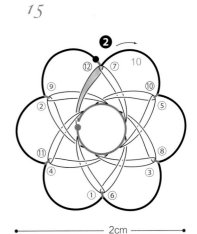

蕾丝线：DMC Cébélia 30号
16~18 浅米色（ECRU）

制作方法

16
❶编织环。❷~❻保留50cm长的线头，从环开始编，第1个环和
❶制作接耳，继续交替编环与桥。

17
❶从环开始编，交替编织环与桥。❷使用线梭B开始编织，和上
一圈的耳制作接耳，然后换用线梭A编下一个环，在指定位置换
用线梭B进行编织。

18
❶从环开始编，交替编织环与桥。❷使用线梭A开始编织环，再
交替编织环与桥，并注意与耳的连接，编尖角上的环时换用线
梭B。

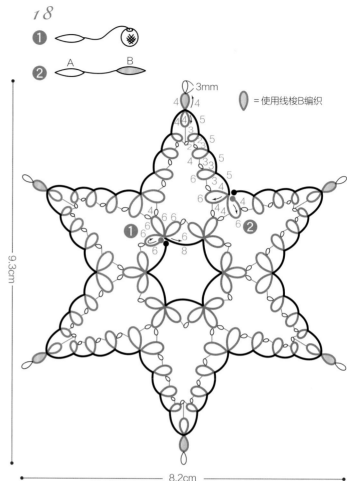

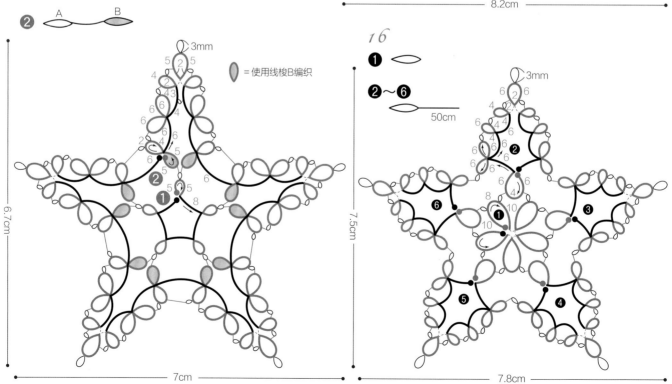

蕾丝线： DMC Cébélia 30号
19~21 浅米色（ECRU）

制作方法

19

按照使用回形针开始编织的方法，用线梭A开始编织。使用线梭A编桥❶和环❷，使用线梭B编环❸、❹、❺，环与环之间不要留空隙。按同样的方法编好6个花样。编织结束后取下回形针，将线梭B的线头穿过编织开始处的线圈，在反面和线梭A的线头打结。

20

❶的花片按照和19同样的方法进行编织。❷将花片翻至反面并捏住，用接耳C在上一圈的耳上接新线，编4针前半针、4针后半针的桥并制作接耳C连接，编完1圈。

21

❶的花片按照和19同样的方法进行编织。❷从线梭A开始编，用接耳C在上一圈的耳上接新线，使用线梭A编桥，用线梭B编有耳的约瑟芬结。

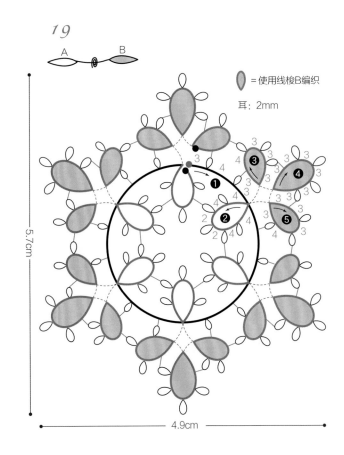

19

= 使用线梭B编织

耳：2mm

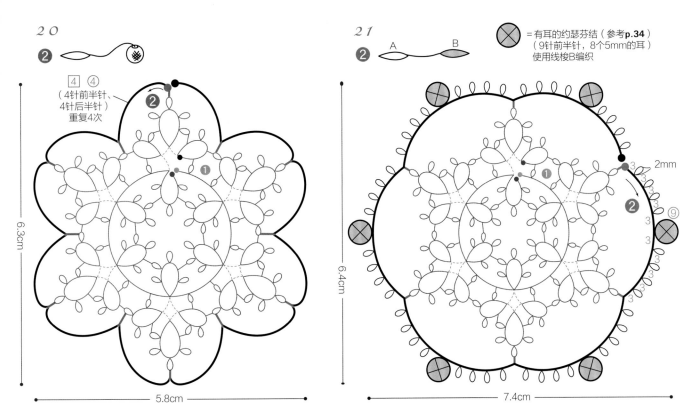

20

= 有耳的约瑟芬结（参考 **p.34**）
（9针前半针，8个5mm的耳）
使用线梭B编织

21

蕾丝线： DMC Cébélia 30号
22～27 浅米色（ECRU）

制作方法

22 , 23
❶按照使用回形针开始编织的方法，用线梭A开始编织。换用线梭B编织瑟芬结。编好后取下回形针，将线头穿过编织开始处的线圈。❷、❸用接耳C在上一圈的耳上接新线，编织桥。❹使用线梭A开始编织，换用线梭B编约瑟芬结和环。作品23只需编至❶。

24 , 25
❶使用线梭A从环开始编，换用线梭B编约瑟芬结。❷使用线梭A从环开始编，和上一圈的耳制作接耳，换用线梭B编约瑟芬结和环。作品25只需编至❶。

26 , 27
❶从环开始编，环与环之间不要留空隙。❷～❺用接耳C在上一圈的耳上接新线，使用线梭A编桥，用线梭B编约瑟芬结。❻编织桥，制作接耳C，完成此圈。❼使用线梭A编桥，用线梭B编约瑟芬结。
作品27只需编至❷。

26,27通用

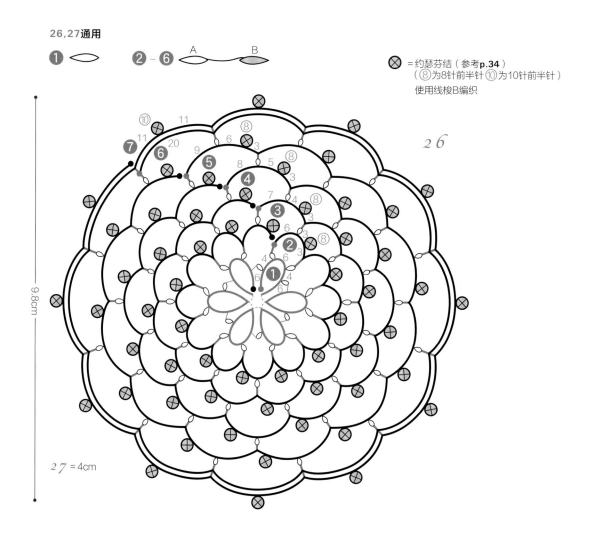

⊗ =约瑟芬结（参考**p.34**）
（⑧为8针前半针 ⑩为10针前半针）
使用线梭B编织

26

9.8cm

27 = 4cm

❶ A ———— B
30cm 1m

❷·❸ ——————●

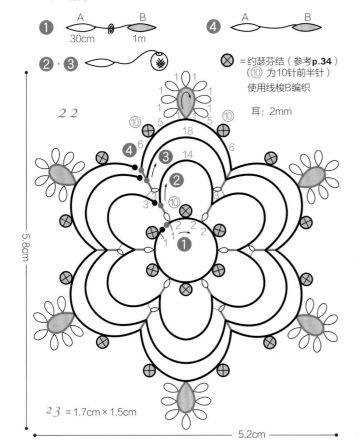

❹ ———————

⊗ =约瑟芬结（参考**p.34**）
（⑩为10针前半针）

使用线梭B编织

耳：2mm

22

23 = 1.7cm × 1.5cm

5.2cm

5.8cm

❶·❷ ——————

⊗ =约瑟芬结（参考**p.34**）
（⑩为10针前半针）

使用线梭B编织

耳：2mm

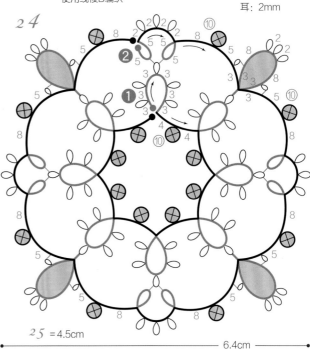

24

25 = 4.5cm

6.4cm

36

材料参见**p.50**

制作方法
使用线梭A开始编织，换用线梭B编指定
位置的环与桥，蜿蜒曲折地编完此圈。

A ⬭ + B ⬭
（白色）（米色）

▬▬ · ⬭ =使用线梭B编织

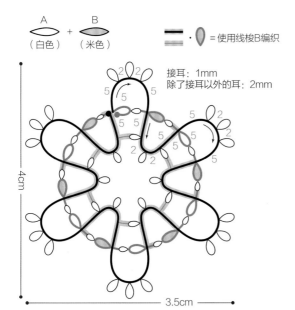

接耳：1mm
除了接耳以外的耳：2mm

4cm

3.5cm

38

材料参见**p.50**

制作方法
❶从环❶开始编，将米色线挂在左手上，继续编桥❷和环
❸。将织片翻至反面并捏住，交叉蕾丝线，编环❹、桥❺、
环❻。按同样的方法编❼～❾、⑩～⑫。❷·❸一边和上一
行制作接耳，一边按同样的方法编织。

❶～❸ ⬭ + ●
（白色）（米色）

耳：2mm

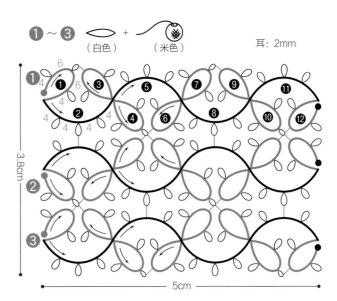

3.8cm

5cm

28,29,30,31,32,33 重叠桥 图片 … p.12~13

蕾丝线：DMC Cébélia 30号

28~33 浅米色（ECRU）

制作方法

28（参考 p.34"重叠桥"）

❶编织环。❷按照使用回形针开始编织的方法，用线梭A开始编织。和❶制作接耳，换用线梭B往返编织。交替使用线梭A和线梭B进行编织，编织结束后取下回形针，将线头穿过编织开始处的线圈。❸编织桥。

29（参考 p.34~35"重叠桥"）

❶从环开始编，环与环之间不要留空隙。❷按照使用回形针开始编织的方法，用线梭A开始编织。和❶制作接耳，换用线梭B往返编织。交替使用线梭A和线梭B进行编织，编织结束后取下回形针，将线头穿过编织开始处的线圈。❸使用线梭A编环，将织片翻至反面，在环的周围编桥。制作接耳C之后，使用线梭B编织。❹编织桥。

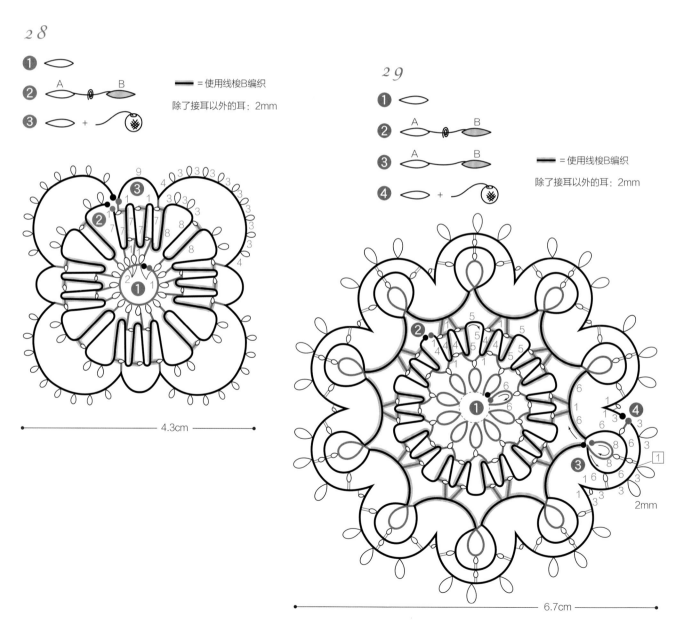

28

❶ ⬭

❷ A　　B

❸ ⬭ ＋

━ =使用线梭B编织

除了接耳以外的耳：2mm

── 4.3cm ──

29

❶ ⬭

❷ A　　B

❸ A　　B

❹ ⬭ ＋

━ =使用线梭B编织

除了接耳以外的耳：2mm

2mm

── 6.7cm ──

30

制作方法（参考p.35"重叠桥"）

①从环开始编，交替编织环与桥。②使用线梭A编环，在环的周围分别使用线梭A和线梭B按图示编桥。③使用线梭A交替编织环与桥，使用线梭B编外侧的环。

① ⬯ + 🌀　　▬▬ · ⬭ ＝使用线梭B编织

② · ③　A ⬯⬭　B　　接耳：1mm
除了接耳以外的耳：2mm

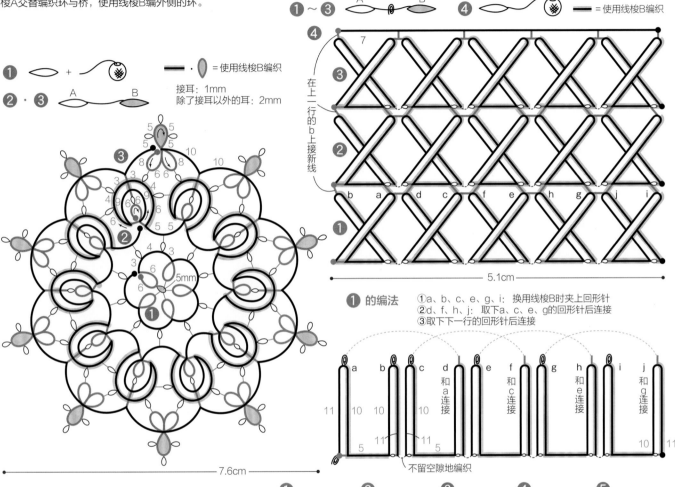

|← 7.6cm →|

31

制作方法（参考p.34"重叠桥"）

①按照使用回形针开始编织的方法，用线梭A开始编织。在指定位置换用线梭B进行编织。编好6针后取下回形针，拉紧芯线，收紧回形针留下的线圈。从②开始，按同样的方法，一边和上一列制作接耳，一边编织。

A ⬯🌀⬭ B

▬▬ ＝使用线梭B编织

接耳：1mm

32　**制作方法**

①按照使用回形针开始编织的方法，编织a：用线梭A编11针元宝针，穿上另一个回形针后换用线梭B编10针元宝针，然后取下第一个回形针，连接在编织开始处的线圈上，如此用线梭B再编5针元宝针。编至d以后，取下a的回形针，和线圈制作接耳C，交叉桥。②、③一边和上一行对应的线圈连接，一边按同样的方法编织。④一边与③对应的线圈连接，一边编织桥。

①～③ ⬯🌀⬭　④ ⬯🌀🌀　▬▬ ＝使用线梭B编织

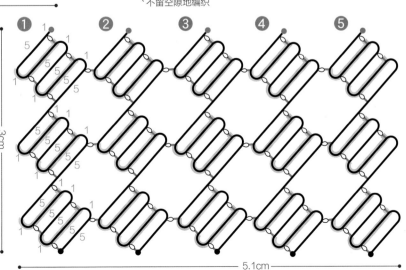

① **的编法**
①a、b、c、e、g、i：换用线梭B时夹上回形针
②d、f、h、j：取下a、c、e、g的回形针后连接
③取下下一行的回形针后连接

不留空隙地编织

33

制作方法
❶编织交叉桥，然后将方形花片和耳连接。❷❸❹❼❿⓫一边和上一行对应的线圈（取下回形针后的线圈）连接，一边按同样的方法编织。❹❼⓫使用线梭A编桥。

━━ ＝使用线梭B编织

接耳：1mm

方形花片
（参考**p.34**"重叠桥"）

交叉编织
（参考**p.47**作品**32**）

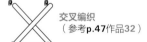

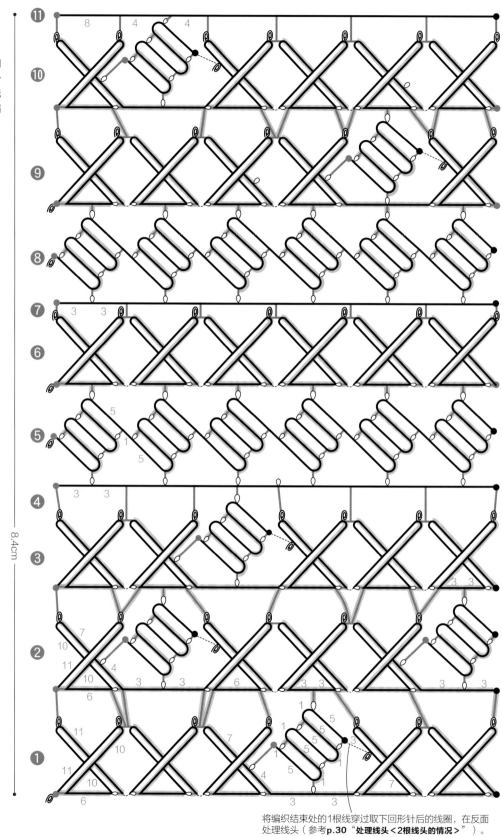

将编织结束处的1根线穿过取下回形针后的线圈，在反面处理线头（参考**p.30**"处理线头＜2根线头的情况＞"）。

蕾丝线： DMC Cébélia 30号
58~59 浅米色（ECRU）

制作方法

58
❶从环开始编，在编织结束处制作假耳。❷、❸编织桥。❹交替编织克鲁尼叶片和桥。❷~❹
无需断线，一边制作接耳C一边继续编织。❺用接耳C接上新线，编织桥。❻从环开始编，交
替编织环与桥。

59
❶从环开始编，环与环之间不要留空隙。❷~❼编织桥。❽交替编织克鲁尼叶片和桥。

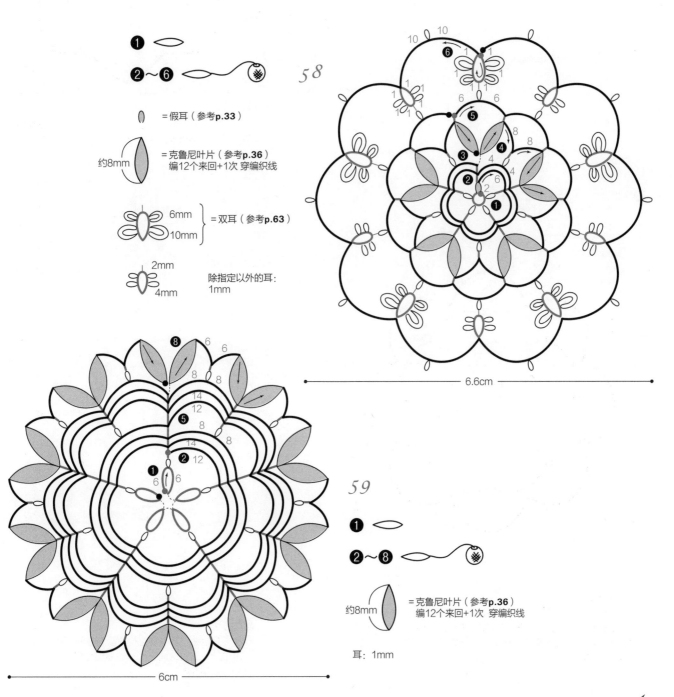

❶

❷~❻

= 假耳（参考p.33）

约8mm
= 克鲁尼叶片（参考p.36）
编12个来回+1次 穿编织线

6mm
10mm
}= 双耳（参考p.63）

2mm
4mm
除指定以外的耳：
1mm

58

6.6cm

59

❶

❷~❽

约8mm
= 克鲁尼叶片（参考p.36）
编12个来回+1次 穿编织线

耳：1mm

6cm

34,35,36,37,38,39,40,41　玩转配色 1　图片…p.14~15

蕾丝线： DMC Cébélia 30号
34~41 白色（BLANC）、米色（842）

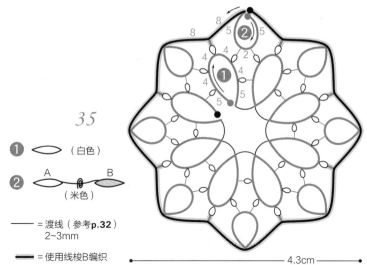

36,38
制作方法和梭编图解见**p.45**

35

① ⬭ （白色）

② ⬭—◯—⬬ A B （米色）

—— = 渡线（参考**p.32**）
　　　2~3mm

▬▬ = 使用线梭B编织

制作方法
❶从环开始编，环与环之间留出空隙（渡线）。❷使用线梭A编环，将织片翻至反面并捏住，用线梭B编桥，注意编桥时让元宝针的顶部朝内。

— 4.3cm —

① ⬭ （米色）　② A ⬭ B + ⬬ （白色）（米色）

③ A ⬭—◯—⬬ B （白色）

▬ · ⬬ = 使用线梭B编织

耳：2mm

37

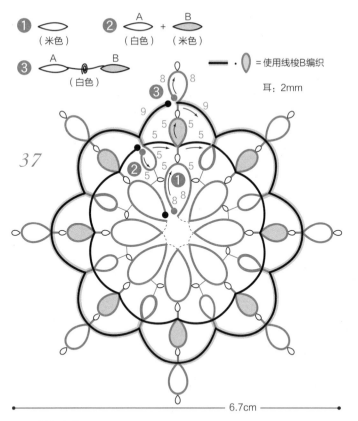

— 6.7cm —

制作方法
❶从环开始编，环与环之间不要留空隙。❷使用线梭A开始编环，编织桥时，将米色线挂在左手并用线梭A进行编织。使用线梭B编外侧的环。❸使用线梭A开始编环，一边和上一圈连接，一边使用线梭B编桥。

① ⬭ （白色）　② A/芯线 ⬭ B + ⬬ （米色）（白色）

③ A/芯线 ⬭ B + ⬬ （白色）（米色）

▬▬ = 使用线梭B编织

耳：2mm

41

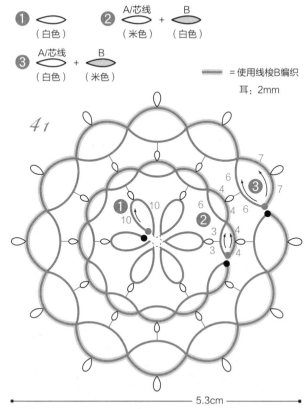

— 5.3cm —

制作方法
❶从环开始编，环与环之间不要留空隙。❷、❸一边和上一圈的耳连接，一边编织分裂环（参考**p.35**），编1圈。

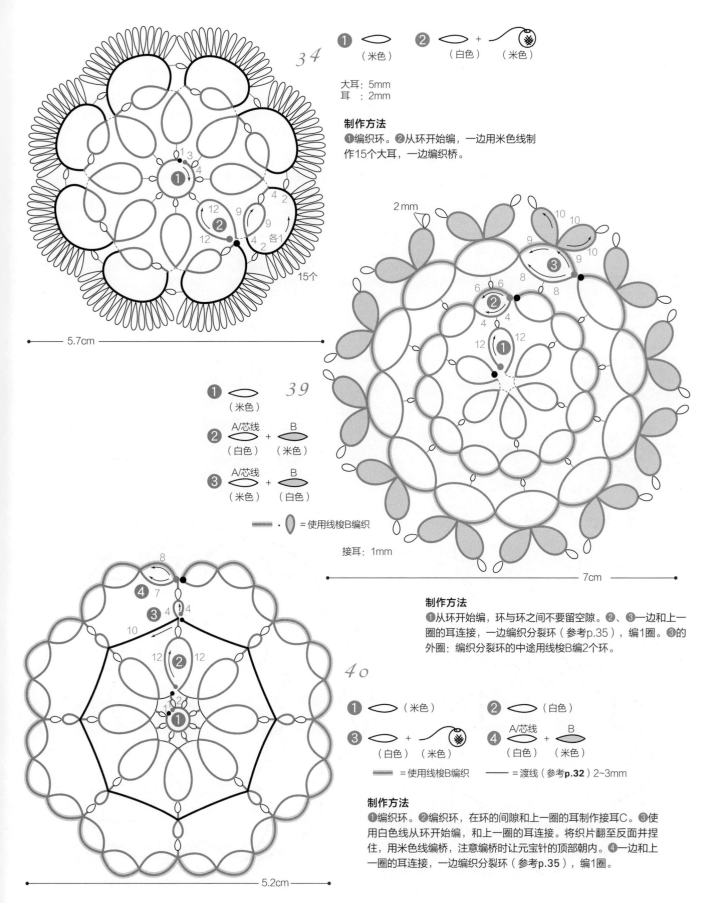

34

❶ ⬭ （米色）　❷ ⬭ （白色） + ⬭🔘 （米色）

大耳：5mm
耳　：2mm

制作方法
❶编织环。❷从环开始编，一边用米色线制
作15个大耳，一边编织桥。

2 mm

39

❶ ⬭ （米色）

❷ A/芯线 ⬭ （白色） + B ⬭ （米色）

❸ A/芯线 ⬭ （米色） + B ⬭ （白色）

━━━ · ⬭ =使用线梭B编织

接耳：1mm

制作方法
❶从环开始编，环与环之间不要留空隙。❷、❸一边和上一
圈的耳连接，一边编织分裂环（参考p.35），编1圈。❸的
外圈：编织分裂环的中途用线梭B编2个环。

40

❶ ⬭ （米色）　❷ ⬭ （白色）

❸ ⬭ + ⬭🔘 （白色） （米色）

❹ A/芯线 ⬭ （白色） + B ⬭ （米色）

━━━ =使用线梭B编织　　━━ =渡线（参考**p.32**）2~3mm

制作方法
❶编织环。❷编织环，在环的间隙和上一圈的耳制作接耳C。❸使
用白色线从环开始编，和上一圈的耳连接。将织片翻至反面并捏
住，用米色线编桥，注意编桥时让元宝针的顶部朝内。❹一边和上
一圈的耳连接，一边编织分裂环（参考p.35），编1圈。

蕾丝线： DMC Cébélia 30号
42~46 白色（BLANC）、米色（842）

制作方法

42
❶从环开始编，环与环之间不要留空隙。❷交替编织环与桥，编织结束处和开始处制作接耳C，直接继续编❸的1个桥，制作接耳C后将线和线梭暂时搁置。叠放上❶，同时挑起2个耳，用接耳C接上❹的线，编1个桥，同时挑起2个耳制作接耳C，将线和线梭暂时搁置。交叉编织❸、❹的桥（参考p.36）。

43
分别编❶、❷。用接耳C在❷的耳上接❸的线，然后用线梭A编桥，用线梭B编环，编1圈。接下来，将❸和❶反面相对对齐，❸的桥翻向内侧，在❶的耳上编❹。交叉编织❺、❻的桥（参考p.36）。

44
❶从环开始编，环与环之间不要留空隙。❷使用线梭A从环开始编，交替编织环与桥，在指定位置换用线梭B编织。❸编桥与环并制作接耳C连接。❹使用线梭A开始，一边和上一圈的耳连接，一边分裂环（参考p.35），完成此圈。

45
分别编❶、❷。将❷叠放在❶之上，分6处分别将❷的角从❶的桥之下穿过（图解中的★记号）。用接耳C在❷的耳上接上❸的线，交替编织环与桥。再编1圈❹。

46
先交叉编织环和桥（参考p.36），完成❶的大圆，再编织❷的花片至最后一圈时和大圆连接。

❶ 〇　（白色）

❷ ~ ❸ 〇　（米色）

❹ 〇　（白色）

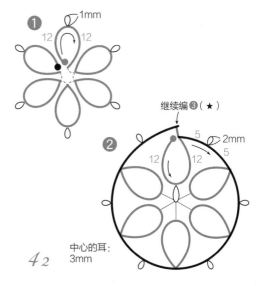

42　中心的耳：3mm
继续编❸（★）
1mm

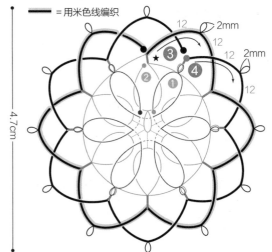

=用米色线编织

❶ 〇 （白色）　❷ 〇 （米色）

❸ A　B （白色）　❹ A　B （米色）

❺ 〇 （米色）　❻ 〇 （白色）

※❶、❷的编织方法参考作品42的❶❷

= 用米色线编织

※使用线梭B编织❸、❹的环

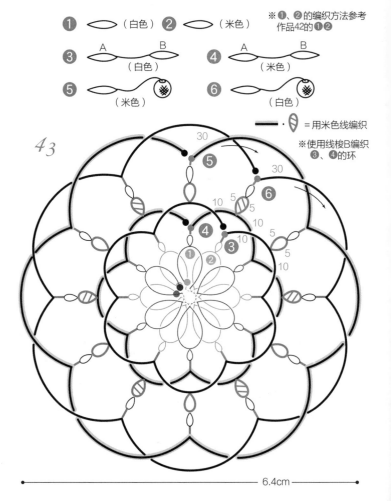

43

6.4cm

45

44

46

耳：2mm

❶梭编图解参见p.56

53

47,48,49,50,51,52,53 三叶草 图片 … p.18~19

蕾丝线：DMC Cébélia 30号
47～49 浅米色（ECRU）、粉绿色（955）
50～53 浅米色（ECRU）

制作方法

47（参考 p.35 "重叠桥"）
❶使用线梭A开始编织，"编好环后翻至反面，继续编桥，再翻回正面，用线梭B编桥，用线梭A编有耳的约瑟芬环，用线梭B编桥"。重复上述引号内的部分，编1圈。❷编好环后翻至反面，编桥的时候，一边和❶的耳连接，一边扭转四叶草中心的大耳制作接耳C连接。

49（参考 p.35 "重叠桥"）
❶使用线梭A开始编织，参考作品47❶的引号内的部分进行编织。❷编好环后翻至反面，一边编桥，一边用接耳C和❶的耳连接，编好3片叶子。❸按照与❷同样的方法编织并连接。

50
❶从环开始编，环与环之间不要留空隙。❷用接耳C接上新线，一边编桥，一边用接耳C和❶的耳连接。编织结束处，拉紧芯线，做出茎的弧度。

51
从环开始编，环与环之间不要留空隙。使用线梭A编茎的桥，用线梭B编茎的环，编1圈。

52
从环开始编，环与环之间不要留空隙。使用线梭A编茎的桥，用线梭B编约瑟芬结，编1圈。

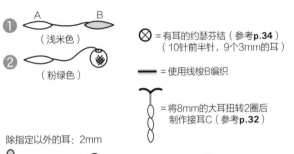

❶ A ⬤ B （浅米色）
❷ （粉绿色）

⊗ = 有耳的约瑟芬结（参考 p.34）（10针前半针，9个3mm的耳）

━ = 使用线梭B编织

Y = 将8mm的大耳扭转2圈后制作接耳C（参考 p.32）

除指定以外的耳：2mm
⬭ 耳：5mm

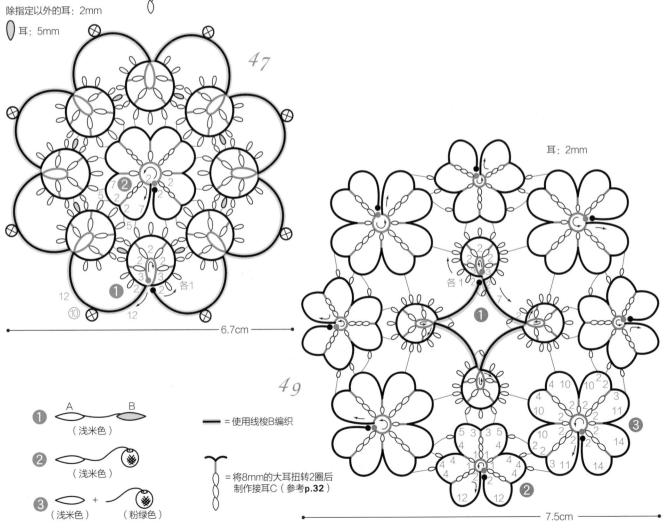

❶ A ⬤ B （浅米色）
❷ （浅米色）
❸ ⬭ + （浅米色）（粉绿色）

━ = 使用线梭B编织

Y = 将8mm的大耳扭转2圈后制作接耳C（参考 p.32）

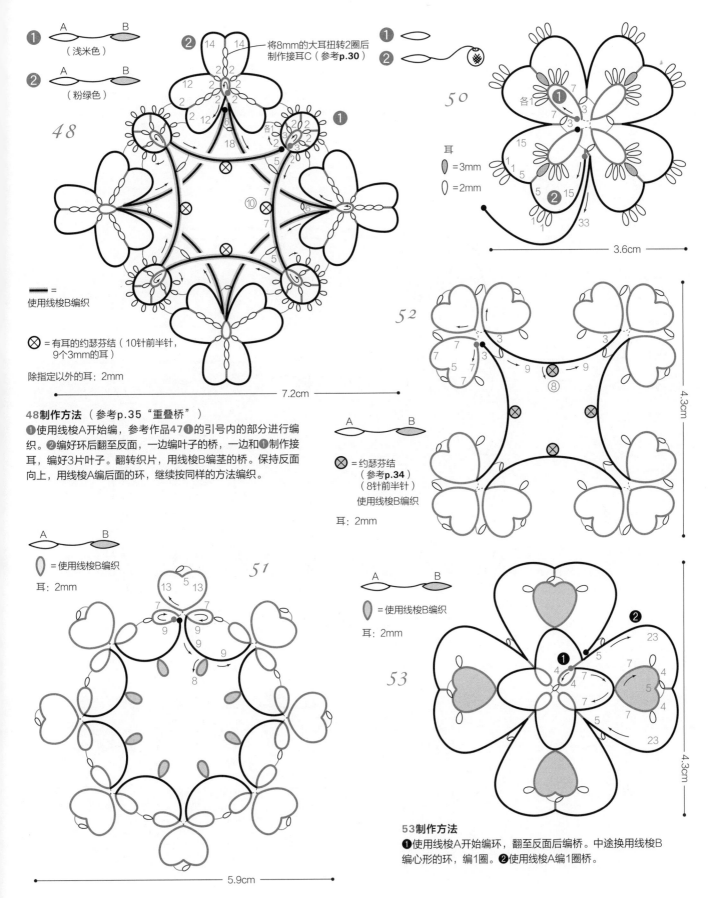

① A ⬭⬭⬭ B
（浅米色）

② A ⬭⬭⬭ B
（粉绿色）

将8mm的大耳扭转2圈后
制作接耳C（参考p.30）

48

━━━ =
使用线梭B编织

⊗ = 有耳的约瑟芬结（10针前半针，
9个3mm的耳）

除指定以外的耳：2mm

7.2cm

48制作方法 （参考p.35"重叠桥"）
①使用线梭A开始编，参考作品47①的引号内的部分进行编织。②编好环后翻至反面，一边编叶子的桥，一边和①制作接耳，编好3片叶子。翻转织片，用线梭B编茎的桥。保持反面向上，用线梭A编后面的环，继续按同样的方法编织。

① ⬭⬭⬭
② ⬭⬭⬭

50

耳
⬭ =3mm
⬭ =2mm

3.6cm

52

A ⬭⬭⬭ B

⊗ = 约瑟芬结
（参考p.34）
（8针前半针）
使用线梭B编织
耳：2mm

4.3cm

A ⬭⬭⬭ B
⬭ =使用线梭B编织
耳：2mm

51

5.9cm

A ⬭⬭⬭ B
⬭ =使用线梭B编织
耳：2mm

53

4.3cm

53制作方法
①使用线梭A开始编环，翻至反面后编桥。中途换用线梭B编心形的环，编1圈。②使用线梭A编1圈桥。

55

54,55,56,57　镂空花样　图片…p.20

蕾丝线： DMC Cébélia 30号
54～57 浅米色（ECRU）

制作方法

54

❶从环开始编，环与环之间不要留空隙。织片翻至反面后编桥，再返回正面编环。重复这一步骤，编1圈。共编4片。❷从环开始编，环与环之间不要留空隙。❸使用线梭A开始编环，一边和❶连接，一边在指定位置换用线梭B编织。❹从环开始，一边和❶、❷、❸连接，一边交替编1圈环与桥，和第1个环制作接耳C。织片翻至反面后再编1圈桥。

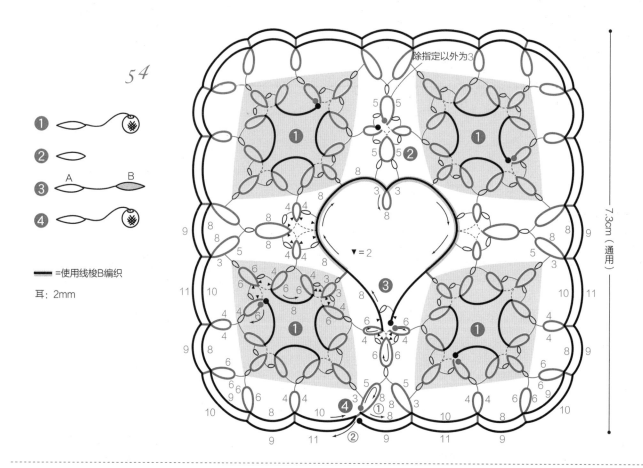

54

❶

❷

❸　A　　B

❹

━━ =使用线梭B编织

耳：2mm

除指定以外为3

▼ = 2

7.3cm（通用）

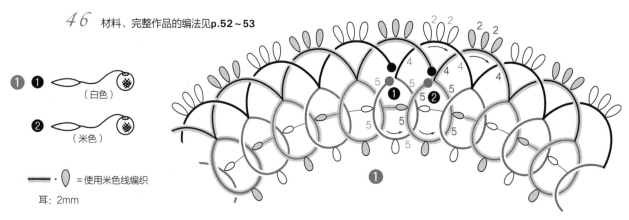

46　材料、完整作品的编法见p.52～53

❶ ❶　（白色）

❷　（米色）

━━・ =使用米色线编织

耳：2mm

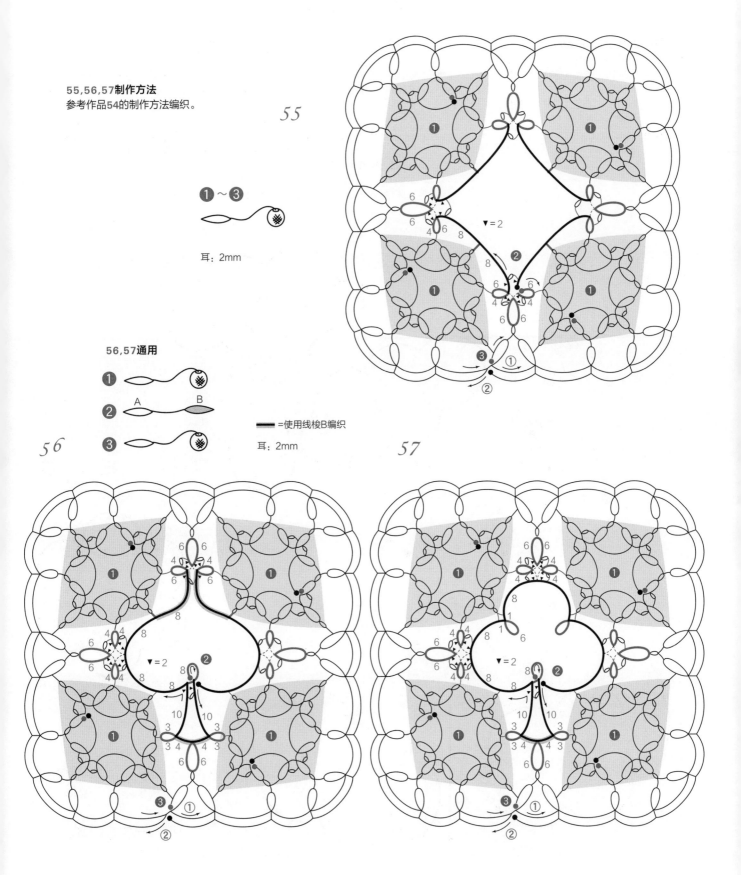

55,56,57制作方法
参考作品54的制作方法编织。

55

❶～❸

耳：2mm

56,57通用

❶
❷ A B
❸

▬ =使用线梭B编织

耳：2mm

56

57

60, 61, 62, 63, 64, 65, 66　花朵　图片 ··· p.22~23

蕾丝线：DMC Cébélia 30号

60 黄绿色（989）、黄色（743）、浅蓝色（800）
61 浅紫色（211）、绿色（911）
62 浅米色（ECRU）
63 浅褐色（437）、褐色（434）、黄色（743）
64 粉色（3326）、浅粉色（818）
65 浅米色（ECRU）
66 白色（BLANC）

制作方法

60
❶从环开始编叶子，交替编环与桥。❷从环开始编茎，编桥时和❶的耳连接。❸从环开始编，交替编环与桥并和❷的大耳连接。❹用接耳C在❸的耳上接新线，交替编织桥与环。

61
❶~❼从环开始编，环与环之间不要留空隙，如图所示连接7片花片，做成花朵。编织❽、❾的叶子。❿从环开始编，并与花朵连接，编织茎时，按图示叠放2片叶子的2个耳一起和茎连接。

62
从环开始编，编好桥后在环的耳上制作接耳C，接着编下一个环。

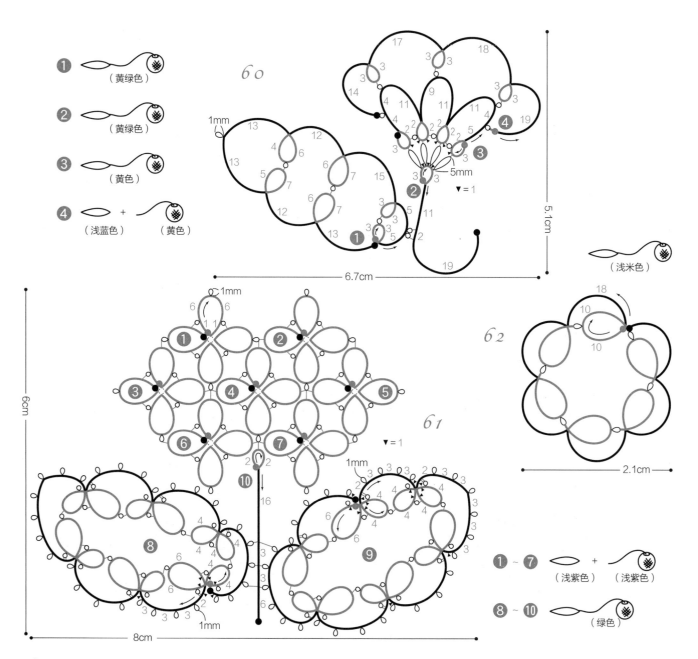

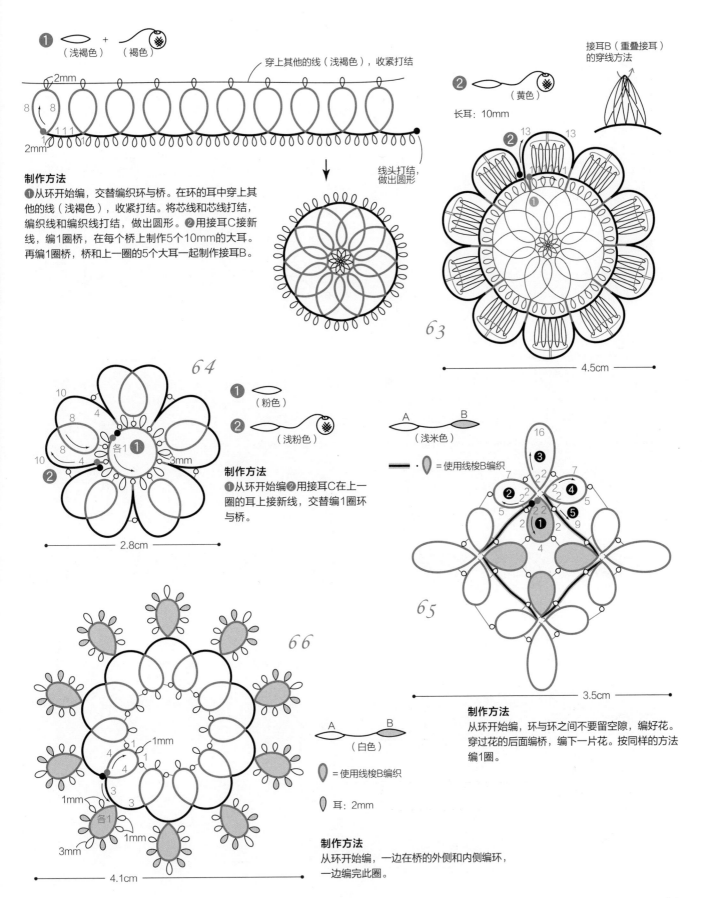

❶ ⬭ （浅褐色） ＋ ⬭※（褐色）

穿上其他的线（浅褐色），收紧打结

制作方法

❶从环开始编，交替编织环与桥。在环的耳中穿上其他的线（浅褐色），收紧打结。将芯线和芯线打结，编织线和编织线打结，做出圆形。**❷**用接耳C接新线，编1圈桥，在每个桥上制作5个10mm的大耳。再编1圈桥，桥和上一圈的5个大耳一起制作接耳B。

线头打结，做出圆形

❷ ⬭ ⬭※（黄色）

长耳：10mm

接耳B（重叠接耳）的穿线方法

63

4.5cm

64

❶ ⬭ （粉色）

❷ ⬭※（浅粉色）

制作方法

❶从环开始编**❷**用接耳C在上一圈的耳上接新线，交替编1圈环与桥。

2.8cm

A ⬭ B （浅米色）

━━ · ⬭ ＝使用线梭B编织

65

3.5cm

制作方法

从环开始编，环与环之间不要留空隙，编好花。穿过花的后面编桥，编下一片花。按同样的方法编1圈。

66

A ⬭ B （白色）

⬭ ＝使用线梭B编织

⬭ 耳：2mm

制作方法

从环开始编，一边在桥的外侧和内侧编环，一边编完此圈。

4.1cm

蕾丝线： DMC Cébélia 30号

67 粉绿色（955）
68 粉色（3326）
69 浅蓝色（800）
70 浅蓝色（800）
71 浅蓝色（800）
72 粉色（3326）
73 浅褐色（437）、褐色（434）
74 黄色（743）
75 黑色（310）、白色（BLANC）

制作方法
参考各图解。

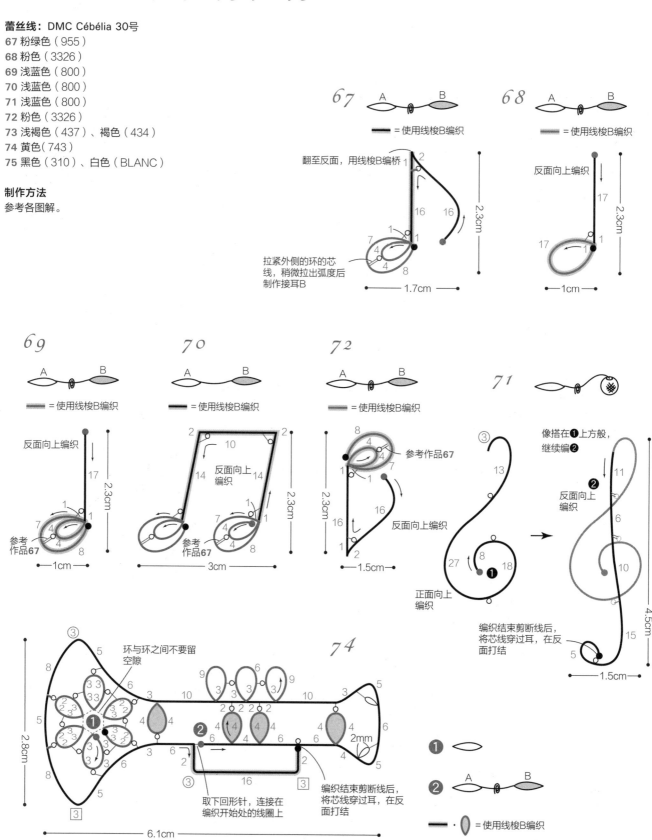

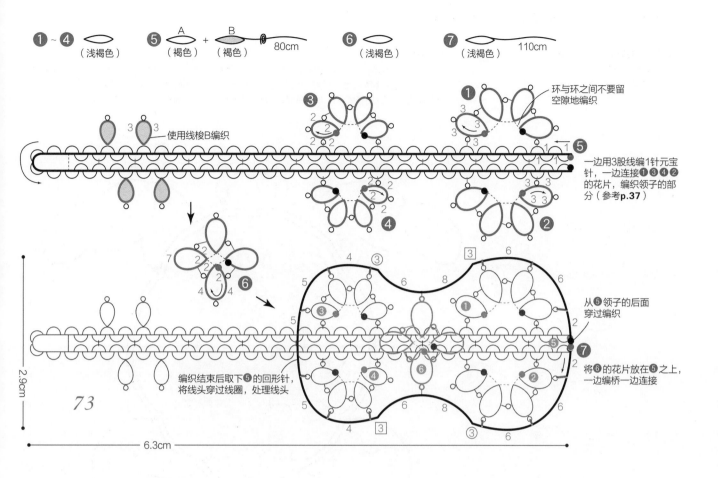

① ～ ④ （浅褐色）　⑤ A（褐色）＋ B（褐色） 80cm　⑥ （浅褐色）　⑦ （浅褐色） 110cm

使用线梭B编织

环与环之间不要留空隙地编织

一边用3股线编1针元宝针，一边连接①③④②的花片，编织领子的部分（参考p.37）

从⑤领子的后面穿过编织

将⑥的花片放在⑤之上，一边编桥一边连接

编织结束后取下⑤的回形针，将线头穿过线圈，处理线头

73

2.9cm

6.3cm

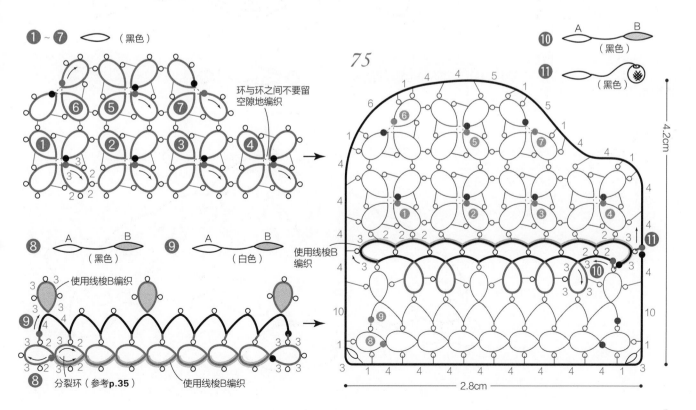

① ～ ⑦ （黑色）

⑩ A B （黑色）

⑪ （黑色）

75

环与环之间不要留空隙地编织

使用线梭B编织

⑧ A B （黑色）　⑨ A B （白色）

使用线梭B编织

⑧ 分裂环（参考p.35）

使用线梭B编织

4.2cm

2.8cm

蕾丝线： DMC Cébélia 30号
76 灰绿色（964）
　　天空蓝（799）

制作方法
❶～❹从环开始编，环与环之间不要留空隙，如图所示连接4片花片，做成龟背。❺交替编织环与桥，连接在龟背上。❻在❺的周围编1圈桥。❼用灰绿色线开始编头部，中途（★记号处）换用天空蓝的线团，编双耳来表现眼睛。接上❽、❾的前腿和❿、⓫的后腿。

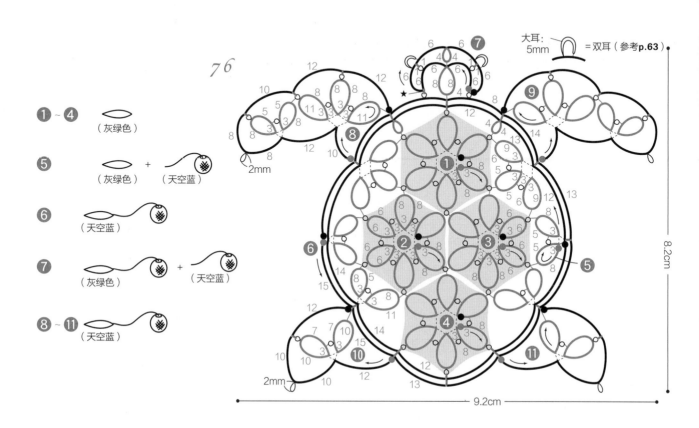

蕾丝线： DMC Cébélia 30号
77 灰色（318）、奶油色（746）

制作方法
❶～❹从环开始编，环与环之间不要留空隙，如图所示连接4片花片，做成身体。❺交替编织环与桥，连接在身体上。❻嘴部在顶端（★记号处）扭转，改变针脚的方向后继续编织。

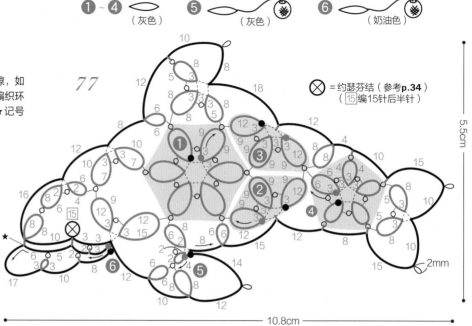

蕾丝线：DMC Cébélia 30号

78 黄色（743）、黑色（310）、白色（BLANC）、浅褐色
（437）

制作方法

❶~❹从环开始编，环与环之间不要留空隙，如图所示连接4片花片。❺用桥编出翅膀的边。❻交替编织环与桥，依次编出屁股、尾巴、后背和脸部。❼~❾、❿编腹部。接上⓫的喙和⓬的脚。

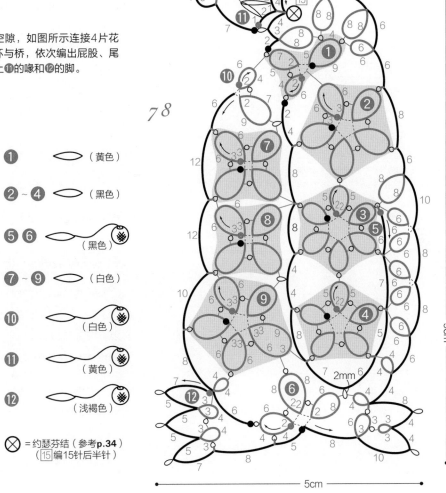

❶	⬭（黄色）
❷~❹	⬭（黑色）
❺❻	（黑色）
❼~❾	⬭（白色）
❿	（白色）
⓫	（黄色）
⓬	（浅褐色）

⊗ = 约瑟芬结（参考p.34）
[15] 编15针后半针

2个5mm的大耳一起制作接耳

9cm

5cm

10mm的大耳
8　3　8

✳ 双耳的编织方法

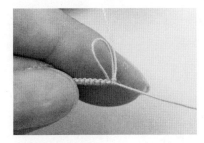

1　编织 10mm 的大耳。

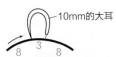

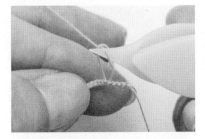

2　编 3 针元宝针，按住大耳的底部制作接耳后拉紧。（图中为了便于分辨，拿线的时候露出了底部）

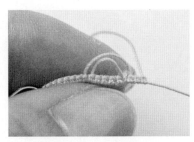

3　编织后面的元宝针，完成双耳。

北尾蕾丝协会

由师从已故蕾丝研究家北尾惠美子老师的学员们于
2017年创立。通过针之会、日本手艺普及协会和
宝库学园等机构在各地进行指导，也参与书籍出版
与作品发表。

职员表

图书设计	滨田树子pond inc.
摄影	大岛名字（作品） 本间伸彦（过程、线材）
造型	平尾知子
作品设计	冈野沙织　金希宣　栗原知惠　齐藤惠子　佐藤智惠子 下村依公子　神保裕子　铃木圣羽　主代香织　高桥贞子 登内秀子　中岛美贵子　成川晶子　西尾明子　波崎典子 浜田典子　深泽昌子　细野博美　横山祥子　和田信子
编织方法说明	佐佐木初枝　弘中叶奈子
描图	小崎珠美　谷川启子　三岛惠子

原文书名：タティングレースで作るミニモチーフ78
原作者名：北尾レース・アソシエイッ
Copyright © eandgcreates 2018
Original Japanese edition published by E&G CREATES.CO.,LTD
Chinese simplified character translation rights arranged with E&G
CREATES.CO.,LTD
Through Shinwon Agency Beijing Office.
Chinese simplified character translation rights © 2020 by China Textile
& Apparel Press

本书中文简体版经日本E&G创意授权，由中国纺织出版社有限公司独家出版发行。

本书内容未经出版者书面许可，不得以任何方式或任何手段复制、转载或刊登。

著作权合同登记号：图字：01-2019-3560

图书在版编目（CIP）数据

梭编蕾丝迷你花样78款／日本北尾蕾丝协会，日本E&
G创意编著；半山上的主妇译. -- 北京：中国纺织出版
社有限公司，2020.6
　ISBN 978-7-5180-7229-3

　Ⅰ．①梭… Ⅱ．①日… ②日… ③半… Ⅲ．①绒线－
手工编织－图解 Ⅳ．① TS935.52-64

中国版本图书馆 CIP 数据核字（2020）第 041898 号

责任编辑：刘茸　　特约编辑：张瑶　　责任校对：江思飞
装帧设计：培捷文化　　责任印制：储志伟

中国纺织出版社有限公司出版发行
地址：北京市朝阳区百子湾东里 A407 号楼　邮政编码：100124
销售电话：010—67004422　传真：010—87155801
http://www.c-textilep.com
中国纺织出版社天猫旗舰店
官方微博 http://weibo.com/2119887771
北京华联印刷有限公司印刷　各地新华书店经销
2020 年 6 月第 1 版第 1 次印刷
开本：889×1194　1/16　印张：4
字数：64 千字　定价：46.00 元

凡购本书，如有缺页、倒页、脱页，由本社图书营销中心调换